矿物晶体的奥妙

罗 明 龚志军 彭花明 编 著

哈尔滨工程大学出版社

Harbin Engineering University Press

内 容 简 介

矿物晶体是有形有色的漂亮石头，本书利用图片和文字生动地介绍了矿物晶体的基本性质，引导学生探索矿物晶体的奥妙。

本书共有 14 章和 1 个附录。其中 1~14 章分别介绍了矿物晶体的形态，色彩，光泽，透明度，特殊光学效应，发光，解理、裂开和断口，硬度，密度，脆性与韧性，电学性质，热导性，放射性及磁性；附录集中展示了常见的多姿多彩的矿物晶体图片。

本书以图文并茂的方式使读者获得愉快的阅读体验，感受矿物晶体的神奇，产生探索地球的欲望。

本书根据初中学生的认知特点编写，特别适合初中学生阅读，对其他人员也有很好的科普价值。

图书在版编目（CIP）数据

矿物晶体的奥妙 / 罗明，龚志军，彭花明编著 .
哈尔滨：哈尔滨工程大学出版社，2024. 12. -- ISBN
978-7-5661-4537-6
Ⅰ. P573
中国国家版本馆 CIP 数据核字第 2024WM2434 号

矿物晶体的奥妙
KUANGWU JINGTI DE AOMIAO

选题策划	王春晖
责任编辑	石　岭
封面设计	李海波

出版发行	哈尔滨工程大学出版社
社　　址	哈尔滨市南岗区南通大街 145 号
邮政编码	150001
发行电话	0451-82519328
传　　真	0451-82519699
经　　销	新华书店
印　　刷	武汉精一佳印刷有限公司
开　　本	787 mm×1 092 mm　1/16
印　　张	5.5
字　　数	87 千字
版　　次	2024 年 12 月第 1 版
印　　次	2024 年 12 月第 1 次印刷
书　　号	ISBN 978-7-5661-4537-6
定　　价	58.00 元

http：//www.hrbeupress.com
E-mail：heupress@hrbeu.edu.cn

前　言

　　地球表层的固体物质基本由石头构成，人们通过了解这些石头，可以较好地认识地球。在大多数人们的认知中，石头是灰蒙蒙的、脏兮兮的，不招人喜欢，然而在石头的众多种类中有一类石头不仅有形、有色，还具有神秘的特征，我们称之为矿物晶体。

　　本书以图文并茂的方式生动地介绍了矿物晶体的形态，色彩，光泽，透明度，特殊光学效应，发光，解理、裂开和断口，硬度，密度，脆性与韧性，电学性质，导热性，放射性及磁性。希望读者阅读后可以了解矿物晶体的特征，感受大自然的神奇，产生探索地球的欲望。

　　本书由东华理工大学的罗明博士、龚志军副教授和彭花明教授撰写。在本书的撰写过程中，东华理工大学地质博物馆王雅敬等老师给予了帮助和支持，东华理工大学教务处及地球科学学院的部分老师提出了宝贵的意见和建议，在此一并表示感谢！

　　限于编著者水平，书中难免存在不足和疏漏之处，恳请广大读者不吝赐教。

编著者

2024 年 9 月

目　录

矿物晶体的奥妙

引　言

　　小学语文第一课学习的生字就是"天、地、人""日、月、水、火""山、石、田、禾"。

　　"地"是地球表层的坚硬部分，"石"是我们常说的天然产出的"石头"，"地"是由各种天然产出的"石头"构成的。

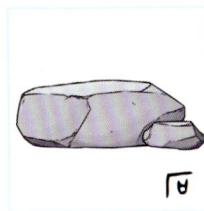

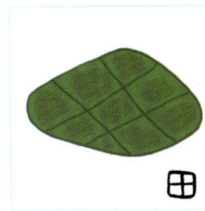

天　地　人

上地幔中的石头-岩石（橄榄岩）

地壳中的石头-岩石（花岗闪长岩）

地壳中的石头-岩石（砂岩）

地壳中的石头-矿物晶体（萤石）

地壳中的石头-矿物晶体
（重晶石和白铅矿）

地壳中的石头-岩石（钟乳石）

石头包括岩石和矿物。岩石是由一种或几种矿物和／或天然玻璃组成的固态集合体，按成因分为岩浆岩、沉积岩和变质岩三大类。

花岗岩（一种岩浆岩）

石灰岩（一种沉积岩）

片岩（一种变质岩）

矿物是具有一定化学成分的天然化合物。绝大多数矿物是晶体。矿物晶体是由各种地质作用和宇宙作用形成的，内部质点（原子、离子、分子）在三维空间做周期性平移重复的、具有规则外形的天然单质或化合物。例如，食盐晶体中的钠离子（Na^+）和氯离子（Cl^-）在三维空间做周期性平移重复。

食盐晶体

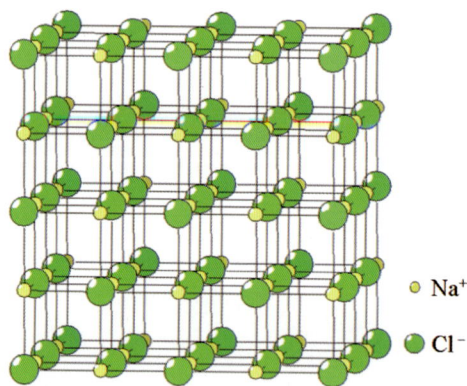

○ Na^+

● Cl^-

食盐晶体内部质点排布

矿物晶体色彩斑斓、千姿百态、晶莹剔透，是石头中最有形、有色的一族，具有色散、变彩、变色、发光等绚丽的光学性质。矿物晶体还具有受外力裂开的力学性质，导电、导热的电学和热学性质，以及被磁铁吸引的磁学性质，等等。矿物晶体的这些神秘的特征使人赏心悦目，引人探奥索隐。

第1章 矿物晶体的形态

矿物晶体是结晶的几何多面体，且具有对称性。矿物晶体的形态包括单晶体的单形与聚形，还包括由多个同种矿物晶体构成的规则连生体形态与集合体形态。

1.1 矿物单晶体的单形

矿物单晶体的单形是由同形等大、性质相同的晶面构成的几何多面体。通过对称要素操作，同一种单形的所有晶面可以重复。例如，立方体单形是由六个同形等大、性质相同的正方形晶面构成的。再如，三方柱单形是三个同形等大、物理性质相同、通过对称要素操作可以重复的柱面构成（注意，不包括底、顶的三角形面）。又如，四方单锥单形由四个三角形晶面构成（不包含底部的正方形横截面）。

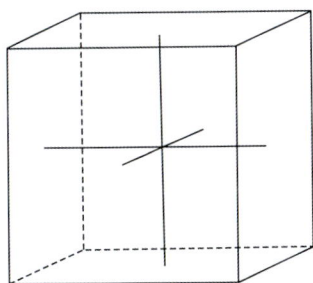 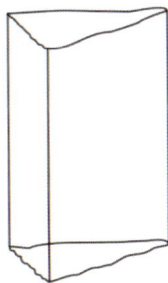 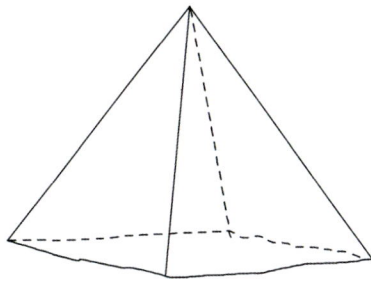

立方体单形 三方柱单形 四方单锥单形

矿物单晶体理想的几何单形有 47 种。

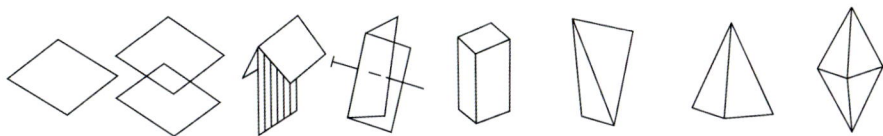

1. 单面 2. 平行双面 3. 反映双面及轴双面 4. 斜方柱 5. 斜方四面体 6. 斜方单锥 7. 斜方双锥

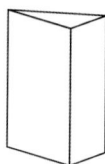 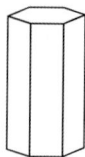 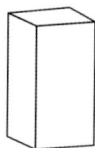 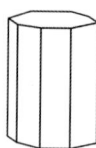 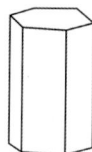 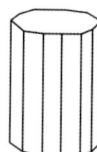

8. 三方柱   9. 复三方柱   10. 四方柱   11. 复四方柱   12. 六方柱   13. 复六方柱

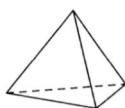  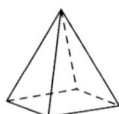  

14. 三方单锥   15. 复三方单锥   16. 四方单锥   17. 复四方单锥   18. 六方单锥   19. 复六方单锥

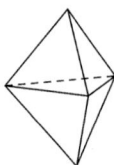 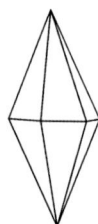 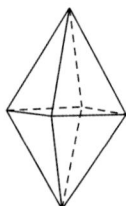 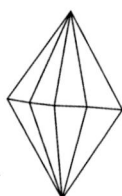 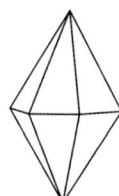 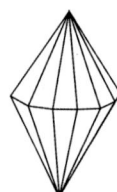

20. 三方双锥   21. 复三方双锥   22. 四方双锥   23. 复四方双锥   24. 六方双锥   25. 复六方双锥

 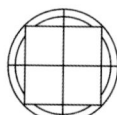 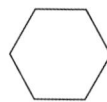 

各种柱锥的横切面

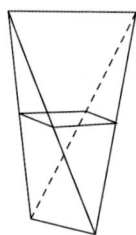 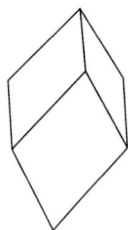 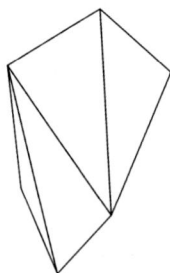 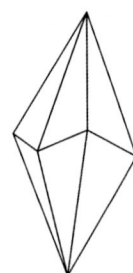

26. 四方四面体   27. 菱面体   28. 复四方偏三角面体   29. 复三方偏三角面体

6

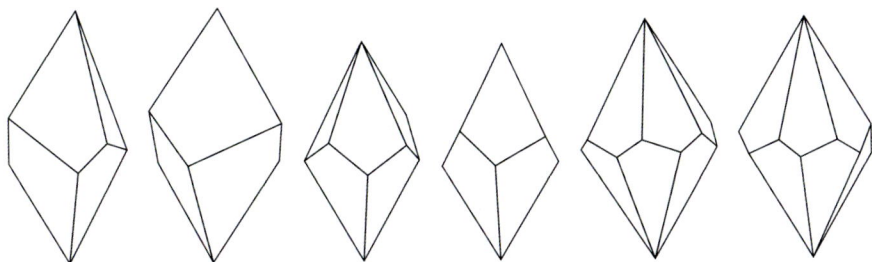

左形	右形	左形	右形	左形	右形
30. 三方偏方面体		31. 四方偏方面体		32. 六方偏方面体	

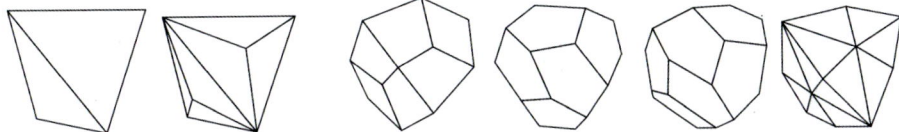

				左形	右形	
33. 四面体	34. 三角三四面体	35. 四角三四面体		36. 五角三四面体		37. 六四面体

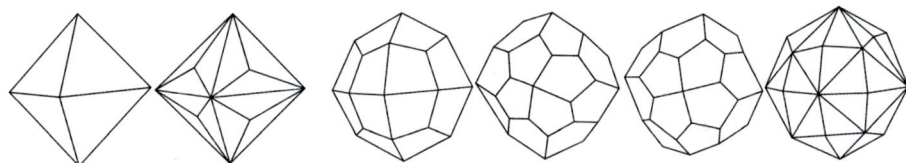

			左形	右形	
38. 八面体	39. 三角三八面体	40. 四角三八面体	41. 五角三八面体		42. 六八面体

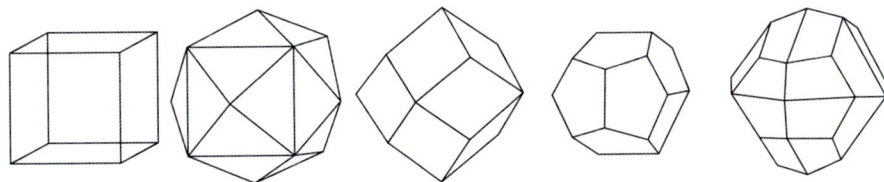

43. 立方体	44. 四六面体	45. 菱形十二面体	46. 五角十二面体	47. 偏方复十二面体

矿物单晶体理想的 47 种几何形态

讨论

你想到过自然界的矿物晶体能长成上述的 47 种几何形态吗?

1.2　矿物晶体的结晶习性

结晶习性是指矿物晶体通常呈现的晶体形态。例如，萤石的结晶习性是八面体，电气石的结晶习性是复三方柱状，绿柱石的结晶习性是六方柱状，红色刚玉的结晶习性是桶状，石榴子石的结晶习性是四角三八面体，方解石的结晶习性是菱面体等。

八面体（萤石）

复三方柱状（电气石）

六方柱状（绿柱石）

桶状（红色刚玉）

四角三八面体（石榴子石）

菱面体（方解石）

1.3　矿物晶体的形态分类

根据矿物晶体在三维空间的发育程度，矿物晶体形态被划分为一向延长型、二向延展型和三向等长型三种类型。

（1）一向延长型

一向延长型是晶体沿某一个方向特别发育，呈柱状、针状或纤维状等形态。多个同种一向延长型矿物晶体常构成晶簇状、束状、放射状等造型优美的集合体形态。例如，水晶构成柱状晶簇集合体，钢灰色辉锑矿构成长柱状、针状晶簇集合体，灰绿色的透闪石构成束状、放射状和纤维状集合体，金红石、绒铜矿构成毛发状集合体。

柱状晶簇集合体（水晶）

长柱状、针状晶簇集合体
（钢灰色辉锑矿）

束状、放射状和纤维状集合体
（灰绿色的透闪石）

毛发状集合体（金红石）

毛发状集合体（绒铜矿）

（2）二向延展型

二向延展型是晶体沿两个方向的发育程度相对更高，形成板状、片状、鳞片状、叶片状等形态。二向延展型矿物晶体基本都以集合体形式出现，少数集合体会构成花瓣状的漂亮形态。例如，重晶石构成板状集合体，白云母构成片状集合体，石墨构成鳞片状集合体，石膏构成沙漠玫瑰状的板片状集合体，蓝铜矿构成花朵状片状集合体。

板状集合体（重晶石）

片状集合体（白云母）

鳞片状集合体（石墨）

沙漠玫瑰状板片状集合体（石膏）1

沙漠玫瑰状板片状集合体（石膏）2

花朵状片状集合体（蓝铜矿）

（3）三向等长型

三向等长型是晶体沿三维方向的发育程度基本相同，呈等轴状、粒状等形态。例如，萤石的八面体形态，黄铁矿的立方体形态，绿色石榴子石的菱形十二面体，浅蓝色萤石的八面体和立方体聚形，假白榴石的四角三八面体。

八面体（萤石）

立方体（黄铁矿）

菱形十二面体（绿色石榴子石）

八面体和立方体聚形（浅蓝色萤石）

四角三八面体（假白榴石）

（1）决定矿物单晶形态的最重要因素是什么？

答案　晶体内部质点（原子、离子、分子）在三维空间的排布方式。

（2）同一种矿物单晶的形态可以不同吗？

答案　可以，如方萤石有立方体、八面体等形态。

（3）不同种矿物单晶的形态可以相同吗？

答案　可以，如金刚石和萤石都有八面体形态，食盐和黄铁矿都有立方体形态。

（4）矿物晶体是大自然的产物，它们的形态与自然界动物、植物的形状能否类比？

答案　可以，如花朵状的蓝铜矿。

（5）自然界目前发现了五方柱、五方单锥和五方双锥形态的矿物单晶体吗？

答案　没有。

1.4 聚形

聚形是由两个或两个以上的单形共同聚合圈闭的空间外形，这些聚合的单形必须属于同一对称类型。自然界多数矿物呈聚形产出。例如，锆石常出现四方柱和四方双锥聚合的聚形；石榴石常呈菱形十二面体与四角三八面体聚合的聚形。单形相聚的根本原则是要符合对称规律，只有属于同一对称类型的单形才能相聚。换言之，只有属于同一对称类型的单形才能在同一晶体上出现。

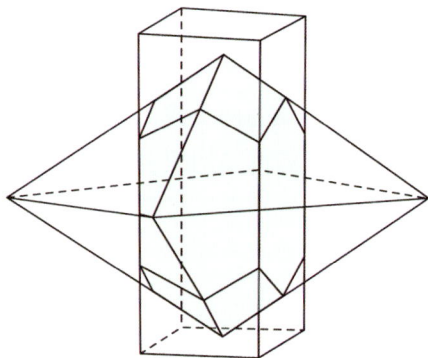

a   b

锆石的四方柱和四方双锥聚形

图 a 是锆石的一种聚形，它是由四方柱和四方双锥两种单形聚合而成的；图 b 是图 a 聚形的原理分析图。

菱形十二面体与四角三八面体聚形
（石榴子石）1

菱形十二面体与四角三八面体聚形
（石榴子石）2

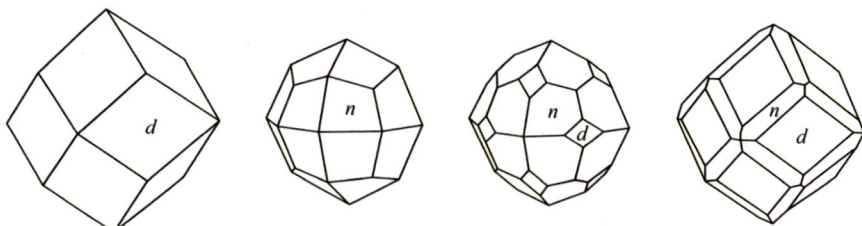

石榴子石常见理想晶体形态示意图
菱形十二面体 d{110}；四角三八面体 n{211}

1.5 规则连生

同一矿物晶体的两个或多个单体按某种对称方式生长在一起，而且这种对称生长方式受内部结构控制，有一定的规则性，晶体的这种生长方式为晶体的规则连生。规则连生主要有双晶和平行连生两种基本类型。

（1）双晶

双晶是由同种晶体的两个或两个以上的单体按一定的对称规律组合而成的规则连生，相邻两个单体相应的面、棱、角通过一定的对称操作（反映、旋转或反伸），可以彼此平行或重合。双晶的常见类型有简单接触双晶、聚片双晶、穿插双晶和环状双晶等。

简单接触双晶是指仅由两个单体沿一个平面（双晶面）相接触组成的双晶，以双晶面为镜面，可以使两个单体重合或平行。如锡石的膝状双晶、尖晶石的简单接触双晶。

聚片双晶由同种晶体的多个单体以同一双晶律连生在一起且接合面相互平行的双晶，如钠长石的聚片双晶。

穿插双晶又称贯穿双晶，是指由同种晶体不同单体相互穿插而形成的双晶，如十字石的穿插双晶和萤石的穿插双晶。

环状双晶由同种晶体的多个单体彼此以同样的双晶律连生在一起，但结合面互不平行，依次以相同的角度相交。环状根据连生单体的数目可以分为三连晶、四连晶等。金绿宝石的三连晶双晶就是环状双晶的典型例子。

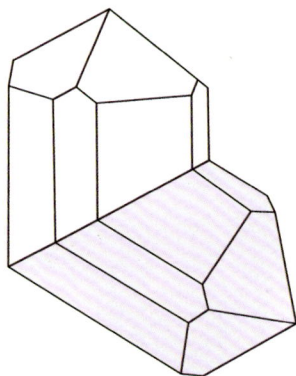

锡石的膝状双晶

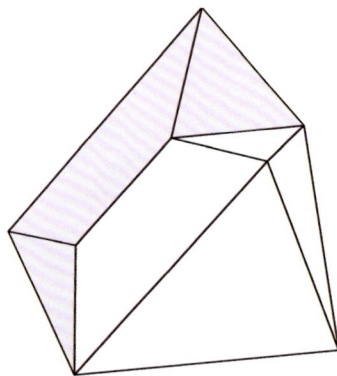

尖晶石的简单接触双晶

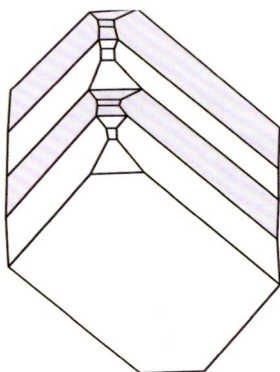

钠长石的聚片双晶

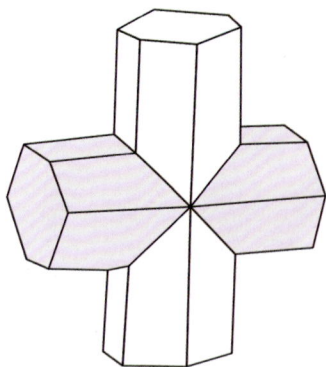

十字石的穿插双晶

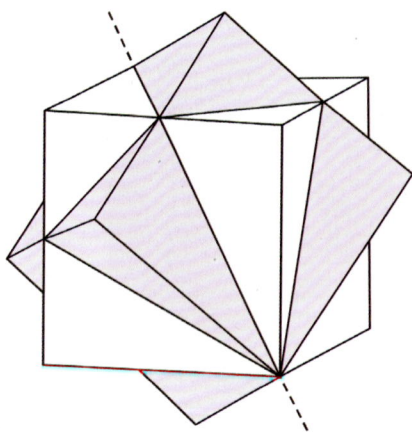

萤石的穿插双晶

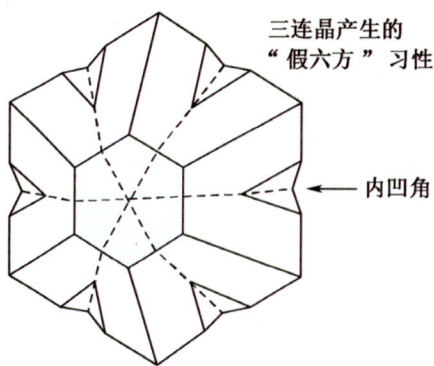

三连晶产生的
"假六方"习性

← 内凹角

金绿宝石的三连晶双晶

矿物晶体的奥妙

18

（2）平行连生

平行连生是同种晶体的多个单体彼此平行地连生在一起，连生着的每一个晶体相对应的晶面和晶棱相互平行。平行连生从外形来看是多晶体的连生，但它们内部的格子构造都是平行的、连续的，从这点来看，它与单晶体没有差别。

方解石的平行连生

1.6　晶体表面特征

在晶体生长或后期被改造的过程中，会在晶体表面留下各种晶面条纹、三角座、蚀痕、螺纹等晶面特征。

例如，钻石八面体晶面上常因溶蚀而产生三角形凹坑或三角座，它们呈等边三角形，且角顶指向晶棱方向。又如，碧玺晶面上可见明显的生长纵纹，黄铁矿晶面常见阶梯状生长纹。

钻石八面体晶面上的三角形凹坑和三角座

碧玺晶面上的生长纵纹

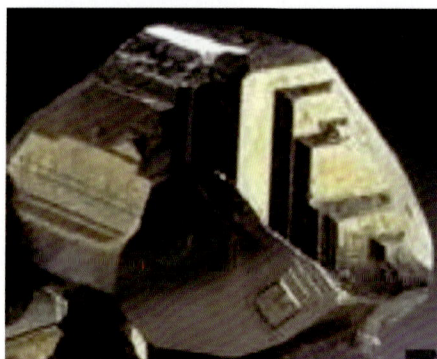

黄铁矿的阶梯状生长纹

1.7　晶体的实际形态

　　由于受内外多种因素的影响，晶体很难发育成理想形态。并且，晶体在形成后，还会继续受外界各种因素的破坏，使其实际形态更加偏离理想状态。以下为黄铁矿和石榴子石的理想晶体及歪晶。

黄铁矿理想晶体

黄铁矿歪晶

石榴子石理想晶体

石榴子石歪晶

理想晶体及歪晶

1.8 方解石单晶形态欣赏

以下为片状方解石、双锥状方解石、板状方解石、柱状方解石及菱面体方解石的形态图片。

片状方解石

双锥状方解石

板状方解石

柱状方解石

菱面体方解石

温度从高到低, 方解石的晶形依次为片状、板状、双锥状、柱状和菱面体。

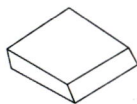

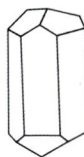

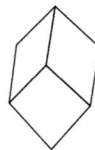

片状　　　　　　板状　　　　　　双锥状　　　　柱状　　　　菱面体

温度从高到低

第 2 章　矿物晶体的色彩

　　虽然大部分的"石头"给人们乌黑、难看的印象，但其实石头中的矿物晶体拥有自然界所有的颜色，这些矿物晶体五彩缤纷、绚丽多彩。矿物晶体的颜色可从色调、色调浓度和亮度（明度）三方面来探究。

2.1　矿物晶体的颜色

　　矿物晶体的颜色是矿物晶体对白光中不同波长色光选择性吸收后剩余光的混合色。剩余光中占比最大的色光决定矿物晶体颜色的主色调，占比小的色光决定矿物晶体颜色的辅色调。例如，红色刚玉晶体吸收橙色光、黄色光、绿色光、青色光和紫色光，仅让红色光和蓝色光透过，而且在透过的光中红光占比最大，所以占比最大的红色光决定了红色刚玉晶体的主色调为红色，占比小的蓝色光决定了红色刚玉晶体的辅色为蓝色，这样红色刚玉晶体的颜色为红中带紫的色调。

　　如果矿物晶体等量吸收入射可见光中的各色光，当吸收率小于 20% 时，矿物晶体呈白色；当吸收率为 20%~80% 时，矿物晶体呈灰色；当吸收率大于 80% 时，矿物晶体呈黑色。

　　同一矿物晶体的不同方向显示出不同颜色的性质被称为矿物晶体的多色性。

　　根据颜色成因，矿物晶体颜色可分为自色、他色和假色。自色是由矿物自身化学成分和内部结构决定的颜色；他色是由矿物内含有的气液包裹体、外来带色的杂质等引起的颜色；假色是由物理光学效应（干涉、衍射、散射等）产生的颜色。

> **小知识**
>
> 　　矿物粉末的颜色可以更真实地显示矿物的自色，消除假色，减弱他色。

红色刚玉

钼铅矿

钼铅矿

橄榄石

矿物晶体的颜色 1

钙铬榴石

天河石

羟氯铜矿

蓝文石

矿物晶体的颜色 2

青金石

蓝矾

蓝铜矿

紫水晶

矿物晶体的颜色 3

2.2　颜色三要素

　　矿物晶体的颜色特征用色调(色彩)、饱和度和亮度(明度)三要素来表示。色调是指色彩的类别，由原色 (红、蓝、黄)、间色 (橙、绿、紫) 和复色 (红橙、黄橙、黄绿、蓝绿、蓝紫、红紫) 构成。

颜色类别（刘玥明，2018）

颜色饱和度也叫纯粹度或彩度，是指颜色的鲜艳程度。饱和度取决于颜色中含彩色成分和消色成分（灰色）的比例。含彩色成分比例越大，饱和度越高；含消色成分比例越大，饱和度越低。例如，鲜红、鲜绿等纯色调的颜色都是高饱和度的；绛紫、粉红、黄褐等混合色调的颜色是不饱和的。完全不饱和的颜色没有色调，例如，各种灰色就是完全不饱和的颜色。

亮度（明度）是指色调的明亮程度，相同的色调它们的亮度可以不同。矿物晶体颜色的亮度（明度）取决于宝石折光率、款式、加工工艺和颜色深浅。宝石折射率大的亮度（明度）高；款式和加工工艺能达到全反射的亮度（明度）高；宝石表面光洁程度好的亮度（明度）高；宝石颜色浅的亮度（明度）高。

2.3　条痕

矿物晶体条痕是该矿物晶体粉末的颜色。一般情况下矿物晶体的条痕是矿物在白色无釉瓷板上划擦时留下的粉末的颜色。条痕可以消除假色，减弱他色，更真实地呈现矿物晶体的自色，比矿物晶体的颜色更加稳定可靠。

有些矿物晶体的条痕与矿物本身的颜色不一致，如黄铁矿的颜色为金黄色，条痕的颜色却是绿黑色。如方铅矿的颜色是铅灰色，条痕却是黑色。

黄铁矿的颜色和条痕

小知识

一般来说，将矿物晶体在无釉白瓷板上擦划可获得条痕。但是当矿物硬度大于瓷板时，瓷板可被刻划而产生瓷板粉末，此时不宜用在瓷板上刻划的方式获得条痕。可用刀刮下矿物的粉末，放在白纸上观察条痕颜色。

思考

（1）无色透明的矿物晶体的条痕是什么颜色？

答案　一般是无色。

（2）白色矿物晶体的条痕是什么颜色？

答案　一般是白色。

（3）条痕对无色或白色矿物晶体的鉴别意义如何？

答案　鉴别意义不大。

（4）条痕对什么颜色的矿物晶体有较大的鉴别意义？

答案　条痕对鉴定一些深色金属矿物具有较大的意义。

2.4 萤石色彩欣赏

以下为浅绿色萤石、翠绿色萤石、绿色和浅紫色萤石、浅灰蓝绿色萤石、浅紫蓝色的萤石、浅蓝色萤石、紫色萤石、深紫色萤石、彩色条纹萤石、黄色萤石、深紫蓝色萤石的色彩图片。

浅绿色萤石

翠绿色萤石 1

翠绿色萤石 2

绿色和浅紫色萤石

浅灰蓝绿色萤石

浅紫蓝色萤石

浅蓝色萤石

深紫蓝色萤石

紫色萤石

彩色条纹萤石

黄色萤石

深紫蓝色萤石 1

深紫蓝色萤石 2

思考

萤石为什么有那么多的颜色?

提示:(1)各种颜色萤石形成环境中的微量元素不同;

　　　(2)各色萤石色心的特征不同。

第3章　矿物晶体的光泽

　　光泽是矿物晶体表面光亮的现象,是矿物晶体表面对可见光的反射表现。光泽的强弱与矿物晶体的折光率有关,折光率值越大则矿物晶体的光泽越强。

　　石头的表面不都是灰蒙、暗沉的,有些矿物晶体表面熠熠闪光。例如,黄铁矿、黑钨矿、金刚石、方解石、石英、石膏及黑云母的表面都具有光泽。

金属光泽（黄铁矿）

半金属光泽（黑钨矿）

金刚光泽（金刚石）

玻璃光泽（方解石）

油脂光泽(石英断口)

丝绢光泽（石膏）

珍珠光泽（黑云母）

矿物晶体的光泽

讨论

金属光泽矿物晶体表面和半金属矿物的晶体表面哪个更亮，你觉得它们两个哪个更漂亮？

第 4 章　矿物晶体的透明度

　　矿物晶体的透明度是矿物晶体透过可见光的程度。矿物晶体的透明度主要取决于矿物晶体的成分、结构、颜色深浅、厚度，以及矿物晶体中的包裹体特征。

　　矿物晶体的透明度通常分为透明、半透明和不透明。

4.1　透明

　　透明的矿物晶体可充分透光，隔着矿物晶体能清楚地看到其后面物体的轮廓和细节，如水晶、冰洲石。

4.2　半透明

　　半透明的矿物晶体能透光，隔着矿物晶体仅能看到其后面物体轮廓的阴影，不能看到细节，如雄黄、雌黄。

4.3　不透明

　　不透明的矿物晶体基本上不能透光，隔着矿物晶体不能看见其后面的物体，如黄铁矿、赤铁矿、方铅矿等。

透明（水晶）　　　　半透明（雄黄－红色和雌黄－黄色）　　　　不透明（方铅矿）

第5章 矿物晶体的特殊光学效应

有些矿物晶体经过特殊加工后，会因呈现出特殊光学效应而变得非常美丽和珍贵。

5.1 猫眼效应

在光线照射下，有些经过特殊加工的矿物晶体的弧形表面会出现一条光带，光带随着光源或矿物晶体的摆动能做平行移动，酷似猫的眼睛，这种现象称为猫眼效应。

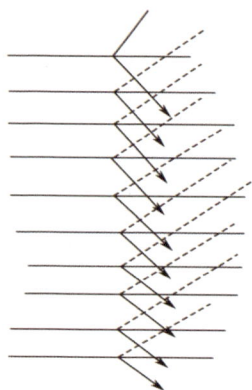

猫眼效应成因示意图

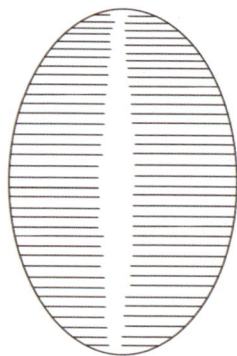

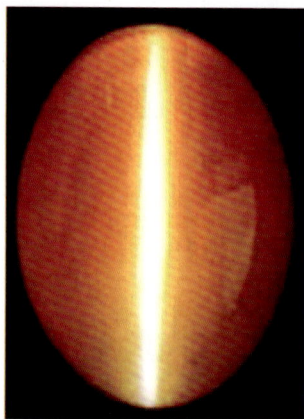

金绿猫眼

矿物晶体的猫眼效应

具有猫眼效应的矿物晶体主要为金绿宝石、石英、电气石、绿柱石、磷灰石和透辉石等。

（1）只有具猫眼效应的金绿宝石矿物晶体才称为"猫眼石"，其他具猫眼效应的矿物晶体，无论在学术上还是商业上，都只能称为"某某矿物晶体猫眼"。例如，具有猫眼效应的石英、电气石、绿柱石和磷灰石，只能分别称为石英猫眼、电气石猫眼、绿柱石猫眼和磷灰石猫眼。

（2）猫眼效应的产生是矿物晶体内部的定向包裹体或定向结构对可见光的折射和反射引起的。

（3）只有经过特殊定向加工的才能显示出清晰的猫眼效应。即底面平行于管状、纤维状内含物构成的平面且长轴方向垂直于内含物的延伸方向的弧面形矿物晶体才能显示出清晰的猫眼效应。

5.2 星光效应

有些经特殊加工的矿物晶体，其弧形表面在光线照射下会呈现相互交会的四射、六射或十二射星状光带，这种现象称为星光效应。

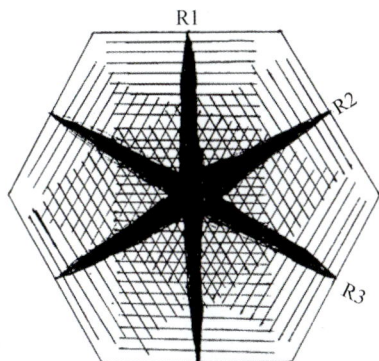

星光效应成因示意图

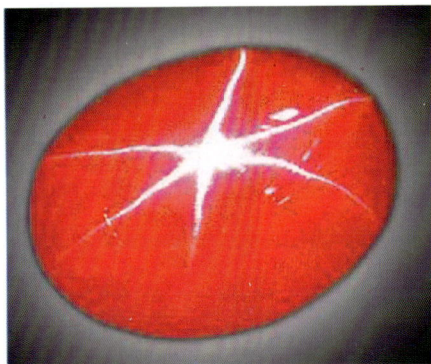

星光红宝石（宝石级红色刚玉的加工成品）

星光效应

自然界很多矿物晶体具有星光效应，常见的有红色刚玉（宝石级的称为红宝石）、蓝色刚玉（宝石级的称为蓝宝石）、铁铝榴石、尖晶石、绿柱石、水晶和辉石等。

小知识

（1）能产生星光效应的矿物晶体都具两组或两组以上定向排列的管状、纤维状内含物或内部结构。

（2）只有经过特殊的定向加工才能显示出清晰的星光效应。即矿物晶体加工成品为弧面形的，且底面平行于矿物晶体内部定向排列的内含物或结构所构成的平面。

5.3 变彩效应

有些矿物晶体内部的特殊结构会对入射光产生干涉、衍射，使矿物晶体表面呈现多种色彩，这些色彩能随着光源或观察角度的变化而变化，我们把这种多变色彩的现象称为变彩效应。欧泊[①]具有典型的变彩效应。

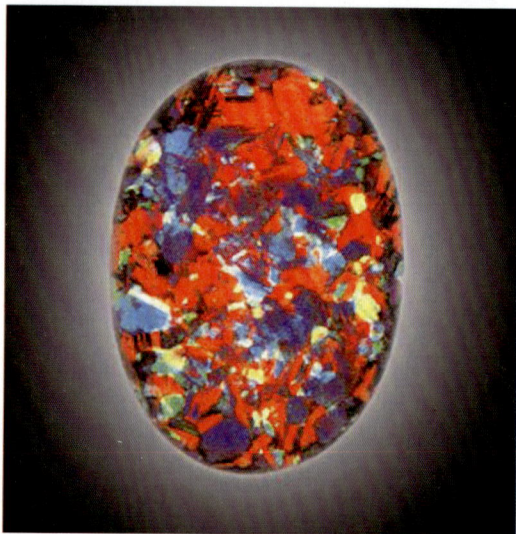

变彩效应（欧泊）

---

① 欧泊即蛋白石，英文名为 opal，音译为欧泊。

5.4　变色效应

变色效应是矿物晶体的颜色随入射光能量的变化或光波波长的改变而发生变化的现象，即在不同能量光源照射下，矿物晶体呈现颜色明显变化的现象。观察矿物晶体的变色效应一般选择日光和白炽灯光这两种光源，日光中的绿色光偏多，在日光下具有变色效应的矿物晶体颜色多偏绿；白炽灯光中红色光偏多，在白炽灯下具有变色效应的矿物晶体颜色多偏红。

变石具有最典型的变色效应，变石在日光下呈绿色，在白炽灯下呈红色或紫红色。

在日光下　　　　　　　　在白炽灯光下

变色效应（变石）

5.5　月光效应

有些矿物晶体具有朦胧的蔚蓝色乳白晕色，如同月光，这种现象被称为月光效应。月光石具有典型的月光效应。

月光效应（月光石）

5.6 砂金效应

有些透明矿物晶体内含有小云母片或小金属固态包体，这些固态包体会对光产生反射，呈现许多星点状反光，宛如水中的砂金，这种现象被称为砂金效应。日光石（含金属的斜长石）具有典型的砂金效应。

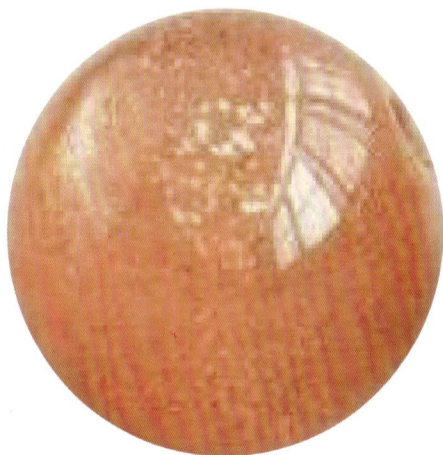

砂金效应（日光石）

第 6 章 矿物晶体的发光

在激发源提供的外加能量作用下，某些矿物晶体会发出某种有色可见光的现象称为矿物的发光性。激发源的种类很多，常见的有紫外线、可见光、X 射线、γ 射线、加热、摩擦、充电和化学试剂等。

矿物晶体的发光性主要与其中的过渡元素（特别是稀土元素）的种类和数量有关。例如，红宝石矿物晶体的红色荧光与其中的 Cr 有关；白钨矿的蓝色荧光与 Mo 有关；锆石的黄色荧光与 U 有关；钻石在短波紫外线照射下的蓝色荧光与其中的 B、Al、Ti、Be 元素有关。

发光矿物被广泛应用于电视荧光屏、荧光粉、发光水泥和夜光表中。

6.1 荧光

矿物晶体荧光是指在紫外光照射下矿物晶体会发光，当停止外加能量作用，矿物发光立即消失的一种发光现象。目前在自然界已经发现 500 多种能在紫外光照射下发荧光的矿物。常见的荧光矿物有方解石、水锌矿、白钨矿等。

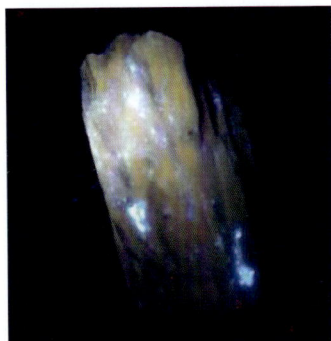

自然光下照片 长波段紫外光下荧光照片

硅灰石

自然光下照片

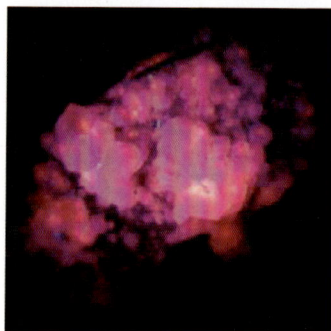

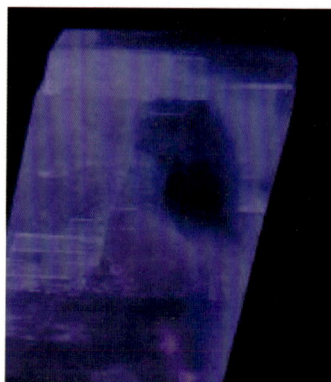

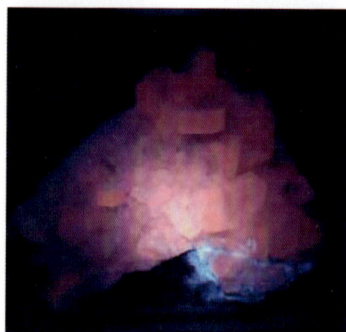

中波段紫外光下荧光照片

方解石 1

自然光下照片

短波段紫外光下荧光照片

方解石 2

自然光下照片

长波段紫外光下荧光照片

方解石 3

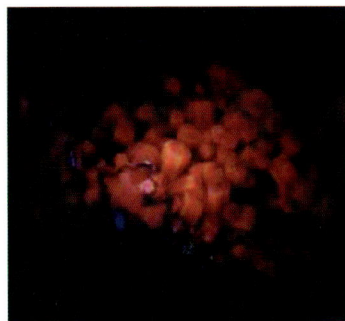

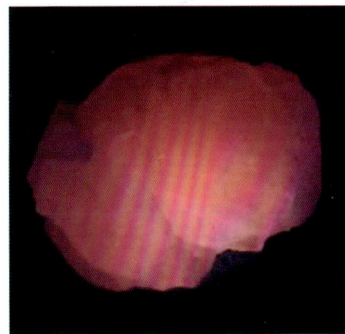

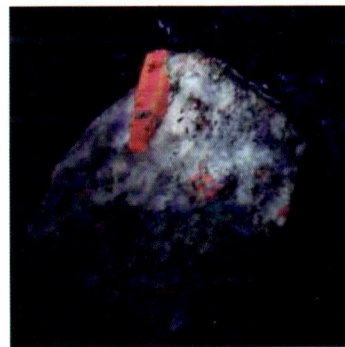

自然光下照片　　　　　　　　　　　长波段紫外光下荧光照片

方解石 4

自然光下照片　　　　　　　　　　　长波段紫外光下荧光照片

方解石 5

自然光下照片　　　　　　　　　　　长波段紫外光下荧光照片

红刚玉

43

自然光下照片　　　　　　　　短波段紫外光下荧光照片波段

白云石 1

自然光下照片　　　　　　　　短波段紫外光下荧光照片

白云石 2

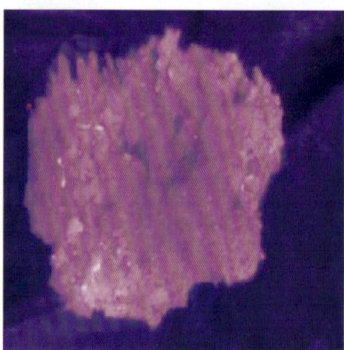

自然光下照片　　　　　　　　长波段紫外光下荧光照片

白云石、水晶

自然光下照片

长波段紫外光下荧光照片

萤石

自然光下照片

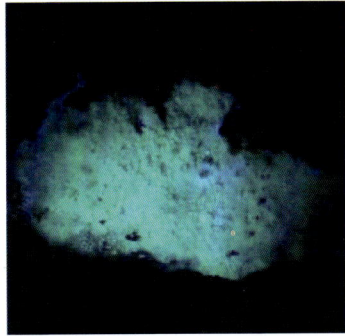

中波段紫外光下荧光照片

钇萤石

自然光下照片

长波段紫外光下荧光照片

重晶石

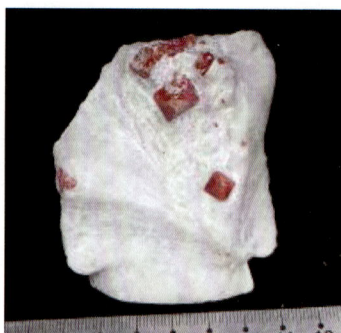

自然光下照片

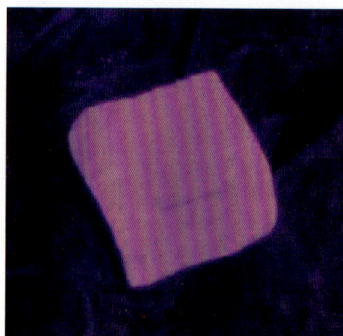

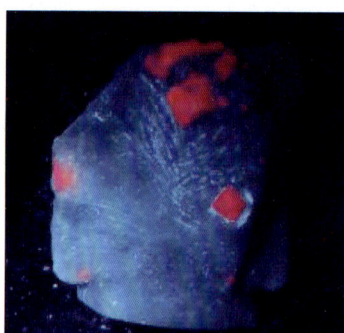

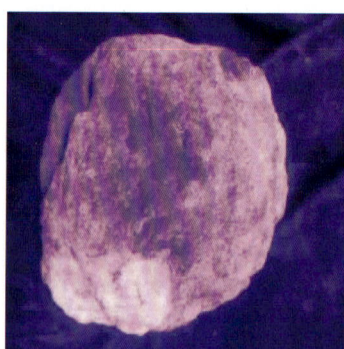

长波段紫外光下荧光照片

紫锂辉石

自然光下照片

长波段紫外光下荧光照片

尖晶石

自然光下照片

长波段紫外光下荧光照片

方钠石

自然光下照片

长波段紫外光下荧光照片

琥珀

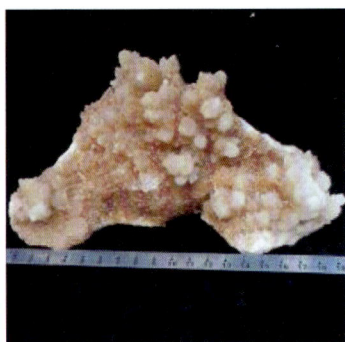

自然光下照片

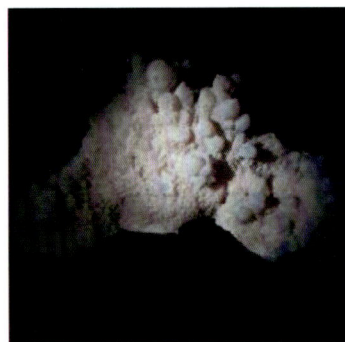

中波段紫外光下荧光照片

黄色方解石

自然光下照片

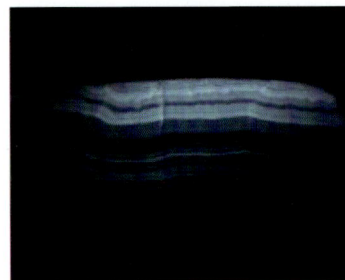

中波段紫外光下荧光照片

条带状萤石

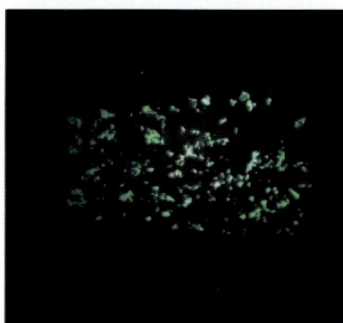

自然光下照片　　　　　　　　　中波段紫外光下荧光照片

白色方解石

自然光下照片　　　　　　　　　中波段紫外光下荧光照片

硅锌矿

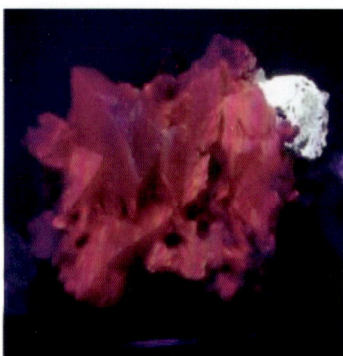

自然光下照片　　　　　　　　　短波段紫外光下荧光照片

方解石、白钨矿1

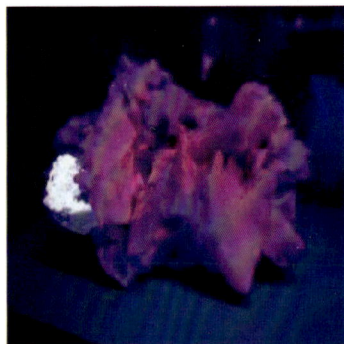

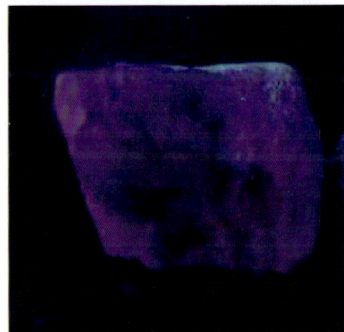

自然光下照片　　　　　　　　　短波段紫外光下荧光照片

方解石、白钨矿 2

自然光下照片　　　　　　　　　短波段紫外光下荧光照片

方解石、白钨矿 3

自然光下照片　　　　　　　　　短波段紫外光下荧光照片

硅镁石

自然光下照片

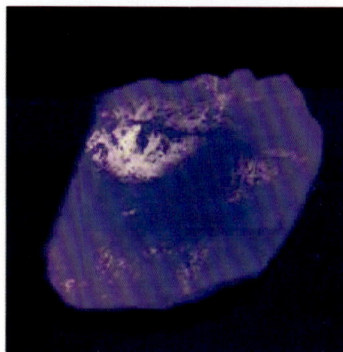

短波段紫外光下荧光照片

硅钙矿

自然光下照片

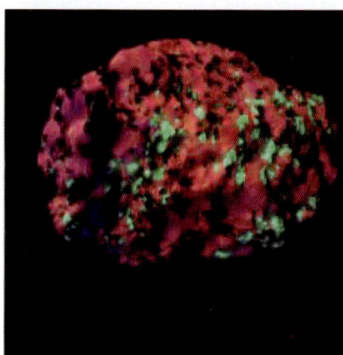

短波段紫外光下荧光照片

红锌矿、方解石 1

自然光下照片

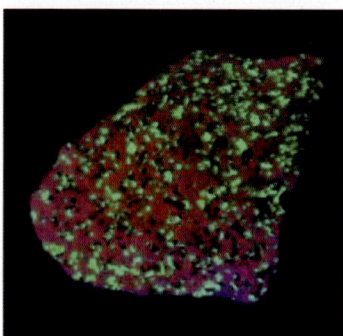

短波段紫外光下荧光照片

红锌矿、方解石 2

自然光下照片

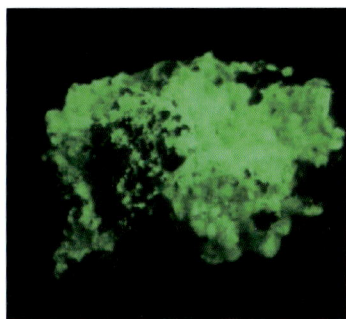

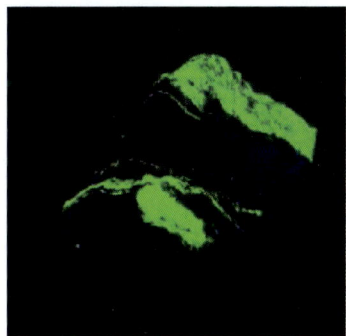

短波段紫外光下荧光照片

锂霞石

自然光下照片

短波段紫外光下荧光照片

欧泊

自然光下照片

短波段紫外光下荧光照片

玉滴石（玻璃欧泊）

自然光下照片

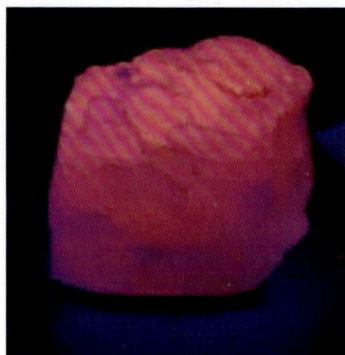

短波段紫外光下荧光照片

含锰方解石

自然光下照片

短波段紫外光下荧光照片

方解石、萤石

自然光下照片

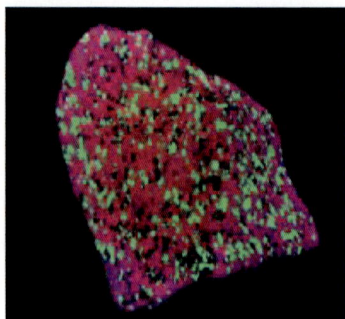

短波段紫外光下荧光照片

硅锌矿、方解石 1

自然光下照片

短波段紫外光下荧光照片

硅锌矿、方解石 2

自然光下照片

短波段紫外光下荧光照片

硅锌矿、方解石 3

6.2　磷光

　　矿物磷光是指在紫外光和自然光照射下矿物晶体会发光，而且停止照射后，矿物还能持续一段时间发光的现象。常见的磷光矿物有磷灰石和萤石。有些矿物在加热时也会发磷光，如磷灰石、萤石和方解石。

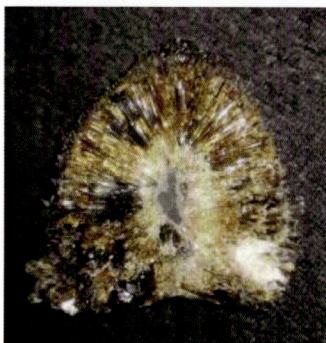

自然光下照片　　　　　　　　　　　紫外光下磷光照片

琥珀方解石 1

自然光下照片　　　　　　　　　　　紫外光下磷光照片

琥珀方解石 2

自然光下照片　　　　　　　　　　　紫外光下磷光照片

茶色氟铝石膏

矿物晶体的奥妙

自然光下照片

紫外光下磷光照片

紫萤石

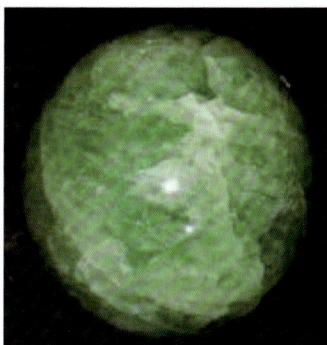

自然光下照片

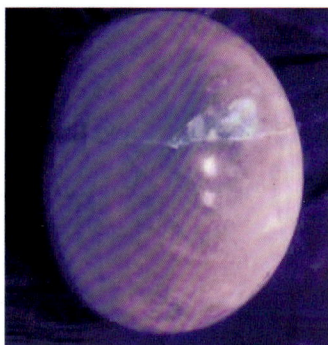

紫外光下磷光照片

萤石

自然光下照片

紫外光下磷光照片

黄色方解石

自然光下照片

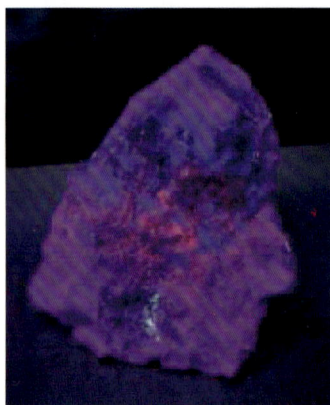

紫外光下磷光照片

磷灰石

自然光下照片

紫外光下磷光照片

方解石、萤石

第7章　矿物晶体的解理、裂开和断口

　　矿物晶体的解理、裂开和断口是矿物晶体受外力作用后产生破裂的表现形式。

　　解理是指矿物晶体在外力作用下，沿着某些固定方向裂开，并或多或少留下光滑平面的性质，该光滑平面被称为解理面。解理是由矿物晶体内部晶体结构决定的，是矿物晶体的固有性质，可作为矿物晶体的鉴定特征。

常见矿物晶体的解理特征

矿物晶体名称	解理类型	解理组数	发育程度
金刚石	八面体	4	完全
闪锌矿	菱形十二面体	6	完全
萤石	八面体	4	完全
锆石	柱体	2	差
黄玉	底面	1	完全
锂辉石	柱体	2	完全
正长石	底面或柱体	4	完全（底面）
磷灰石	底面	1	差
方解石	菱面体	3	完全

方解石的极完全解理

　　当矿物晶体受外力作用时，沿双晶结合面或包裹体分布面方向裂开，矿物晶体的这种性质被称为裂开。由于矿物晶体裂开不是矿物晶体晶体结构引起的，具有不确定性，所以一般不作为鉴定特征。例如，红刚玉有平行底面 {0001} 和平行菱面体面 {1011} 的裂开。

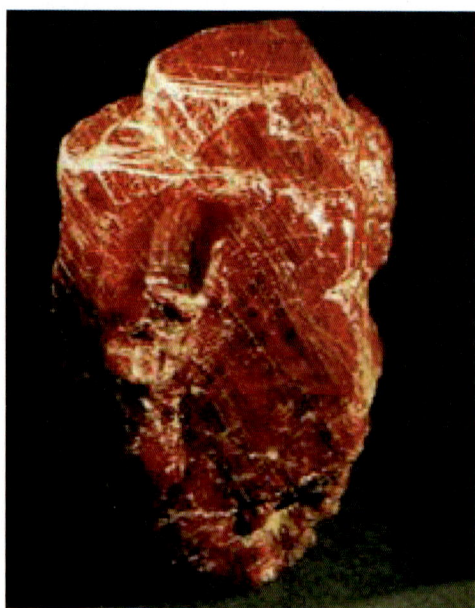

红色刚玉中的裂开

断口是指在外力作用下矿物晶体产生无固定方向破裂的性质。不具有解理的矿物晶体才能产生断口。常见的断口有贝壳状断口，锯齿状断口，参差状断口，纤维状和多片状断口四种类型。

贝壳状断口 断面呈椭圆形的光滑曲面，并常具同心圆纹，形似贝壳，如石英和玻璃的断口。

锯齿状断口 断口呈光滑锯齿状，一般延展性强的矿物具有这种断口，如自然铜的断口。

参差状断口 断面参差不齐，粗糙不平，大多数矿物晶体具有这种断口，如磷灰石和东陵玉的断口。

纤维状和多片状断口 断口呈纤维状或交错复杂的细片状，如软玉、翡翠和蛇纹石的断口等。

贝壳状断口

第8章　矿物晶体的硬度

硬度是指矿物晶体抵抗外力对它刻划、压入和研磨的能力。德国地质学家、矿物学家腓特烈·摩斯于1822年提出了摩氏硬度计的概念，将10种常见矿物按彼此间抵抗刻划能力的大小顺序分成10等级，数字越大摩氏硬度越大。

常见摩氏硬度计

摩氏硬度等级	标准矿物	摩氏硬度等级	标准矿物
1	滑石	6	长石
2	石膏	7	石英
3	方解石	8	黄玉（托帕石）
4	萤石	9	刚玉
5	磷灰石	10	金刚石

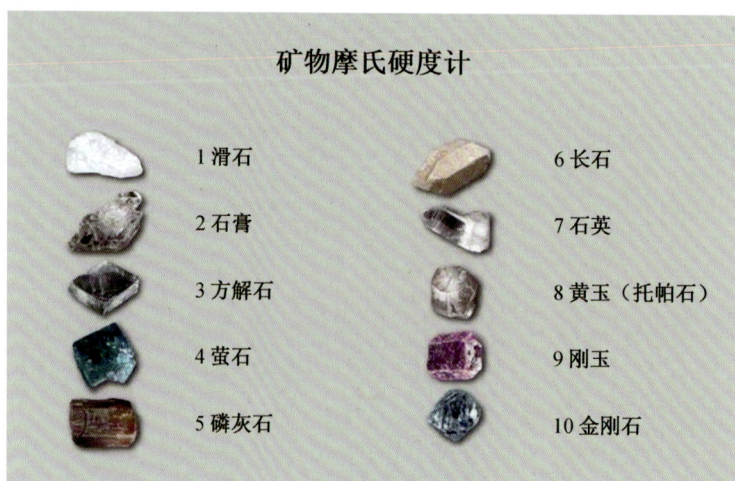

矿物摩氏硬度计

1 滑石　　6 长石
2 石膏　　7 石英
3 方解石　　8 黄玉（托帕石）
4 萤石　　9 刚玉
5 磷灰石　　10 金刚石

以上 10 种标准矿物等级只表示硬度的相对大小，而各级之间的硬度差异的大小不是均等的。摩氏硬度计可对矿物晶体的相对硬度进行测定，例如，某矿物晶体可划动方解石，但不能划动磷灰石，那么这种矿物晶体的硬度为 3~5。

小知识

指甲的摩氏硬度为 2.5、铜针为 3.0、窗玻璃为 5.0~5.5、钢刀片为 5.5~6.0、钢锉为 6.5~7.0。在实际应用中，我们可利用这些随身物体对矿物晶体进行摩氏硬度测定。

第9章　矿物晶体的密度

　　密度是单位体积物质的质量，相对密度是物质的密度与参考物质的密度在各自规定的条件下之比。矿物相对密度是纯净矿物在空气中的重量与同体积纯水重量之比（4℃时）。根据相对密度值的大小，矿物晶体可分为轻级、中等和重级。轻级矿物晶体的相对密度小于2.5，如蛭石（0.6~0.8）、石盐（2.1~2.2）、石膏（2.3）。中等级矿物晶体的相对密度在2.5~4.0，如石英（2.65）、方解石（2.6~3.0）、长石（2.5~2.7）。重级矿物晶体的相对密度大于4，如自然金（15.6~19.3）、自然银（10.1~11.1）、辉钼矿（4.7~5.0）、黄铜矿（4.1~4.3）。

轻级（石膏）

中级（方解石）

重级（重晶石）

第10章 矿物晶体的脆性与韧性

　　受外力作用矿物晶体容易破碎的性质称为脆性，不易破碎的性质称为韧性。脆性大的矿物晶体其棱角容易发生崩口。矿物晶体的脆性和韧性主要与矿物晶体的结构构造有关，与其硬度不具相关关系。例如，无色金刚石的硬度最大，但是它具有脆性，容易碎裂；角闪石等纤维状矿物的韧性较强。

第11章　矿物晶体的电学性质

　　导电性是指矿物晶体对电流的传导能力。矿物晶体的导电性由矿物晶体自身的性质决定，可用导电性来辅助鉴别矿物晶体。

　　根据导电能力的大小，矿物晶体可分为良导体、半导体和绝缘体。金、银、铜等自然金属矿物晶体和辉铜矿、磁黄铁矿等金属硫化物晶体是电的良导体，闪锌矿和方铅矿等矿物晶体是半导体，石棉和云母等矿物晶体属于绝缘体。

良导体（自然铜）

半导体（方铅矿）

绝缘体（云母）

　　某些矿物晶体具有压电性，在压缩时产生正电荷的部位，在拉伸时会产生负电荷。在一压一张的机械作用下，矿物晶体可产生一交变电场。同理，将具有压电性的矿物晶体放进一个交变电场中，它就会产生一伸一缩的机械振动。石英钟、石英表就是利用了石英矿物晶体的压电性制作的。

第12章 矿物晶体的热导性

热导性是矿物晶体对热传导的性质。矿物晶体的相对热导率是以尖晶石的热导率为基数计算出来的。

常见矿物晶体的相对热导率

矿物晶体	相对热导率	矿物晶体	相对热导率
金刚石	59.6~170.8	刚玉	2.96
金	44	尖晶石	1
银	31	赤铁矿	0.96
金红石	0.63	翡翠	0.4~0.56
石英	0.5~0.94	锆石	0.39
电气石	0.45	玻璃	0.08

小知识

1. 金刚石与钻石热导仪

金刚石是天然矿物晶体中相对热导率最大的，人们利用金刚石的这个特点制作了"钻石热导仪"用来鉴别金刚石。用钻石热导仪检测疑是金刚石的天然矿物晶体时，如果热导仪红灯闪烁并发出声响，可确定是金刚石。但是目前人工合成的碳化硅（又称莫桑石或莫桑钻）的相对热导率值也很大，用钻石热导仪检测时，也会红灯闪烁并发出声响。

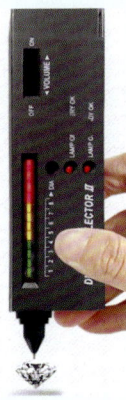

钻石热导仪

2.钻石和碳化硅（莫桑钻）在热导仪检测时都会红灯闪烁并发出声响，怎样对二者进行区别呢？

在放大镜下观察宝石的棱线，钻石的棱线是单线，而碳化硅（莫桑钻）的棱线是双线（由双折射造成的）。

钻石棱线无重影

碳化硅（莫桑钻）棱线有重影

第13章 矿物晶体的放射性

　　天然矿物晶体的放射性是由其含有的放射性元素引起的，如含有铀元素的锆石具有一定的放射性。另外，经放射性处理的矿物晶体，也会具有少量残留的放射性。超出安全规定剂量的高放射性会伤害人体，所以对具有放射性的矿物晶体应进行放射性评价，防止放射性超标对消费者带来伤害。

　　钒钙铀矿、钙铀云母、硅钾铀矿及准铜铀云母几种美丽的矿物晶体均具有放射性。

钒钙铀矿

钙铀云母

硅钾铀矿

准铜铀云母

1. 放射性矿物与核发电

核发电主要依赖放射性矿物中的铀元素。由铀制成的核燃料在反应堆中发生裂变产生巨大的能量。这一能量随后被转化为热能，热能通过蒸汽发生器产生蒸汽。蒸汽驱动汽轮机转动，然后经过发电机把动能转换成电能。

2. 放射性矿物与原子弹

1945 年 8 月 6 日，美国投掷在日本广岛的"小男孩（Little Bog)[①]"原子弹装有 64 kg 的铀－235，铀－235 就是从放射性矿物中提炼的。

"小男孩（Little Boy）"原子弹

———————————
① "小男孩（Little Boy）"是人类历史首次用于实战的原子弹。

第14章 矿物晶体的磁性

　　矿物晶体的磁性主要由其所含的铁、钴、镍、钛和钒等元素引起，磁性的强弱取决于这些元素的多少。整个块体能被永久磁铁吸引的属于强磁性矿物晶体，如磁铁矿。粉末能被永久磁铁吸引的属于弱磁性矿物晶体，如铬铁矿。粉末也不能被永久磁铁吸引的属于无磁性矿物晶体，如黄铁矿。

弱磁性（铬铁矿）

无磁性（黄铁矿）

弱磁性（铬铁矿）

小知识

　　公元5000年前，人类发现了天然磁铁，即磁铁矿。公元1000年前，中国人用磁铁与铁针摩擦磁化铁针，然后利用磁化铁针制成了世界上最早的指南针。

附录　多姿多彩的矿物晶体赏析

红色透明玻璃光泽的板片状含锰方解石

蓝色透明玻璃光泽的硅钙石
放射状球状集合体

无色透明弱玻璃光泽的
板柱状透石膏

红色半透明玻璃光泽的雄黄和黄色半透明玻璃光泽的雌黄

红色透明弱玻璃光泽的蔷薇辉石

棕黄色不透明金属光泽的自然铜

浅黄色金属光泽的黄铁矿立方体单晶

柱状白色透明玻璃光泽的方解石和菱面体红色透明玻璃光泽的方解石

棕红色透明玻璃光泽的六方板柱状钒铅矿

红色透明玻璃光泽的菱面体辰砂

韭黄色透明玻璃光泽的
柱状韭闪石

无色或浅绿色透明玻璃光泽六方柱状水晶

海蓝色透明玻璃光泽的六方柱状海蓝宝石

粉色透明玻璃光泽的菱面体方解石

平行连生的
无色透明玻璃光泽的方解石

六方柱和六方锥聚形的
淡粉色透明玻璃光泽的水晶柱

白色透明玻璃光泽的辉沸石针状球状集合体

蓝色透明玻璃光泽的柱状束状蓝晶石

红色透明玻璃光泽的柱状碧玺

绿色透明玻璃光泽的粒状钙铬榴石

亮紫蓝锖色的
强氧化长柱状束状蓝铁矿

绿色红色透明玻璃光泽的柱状
彩色碧玺

翠绿色透明玻璃光泽的六方柱状祖母绿

亮蓝色透明玻璃光泽的针状集合体的水磷铝钠石

绿色透明玻璃光泽的
针状长柱状石膏

褐色不透明半金属光泽的针状针铁矿

黑色不透明金属光泽的片状镜铁矿 + 红色透明玻璃光泽的柱状水晶